Bibliografische Information der Deutschen Nationalbibliothek:

Die Deutsche Bibliothek verzeichnet diese Publikation in der Deutschen National-bibliografie; detaillierte bibliografische Daten sind im Internet über http://dnb.d-nb.de/ abrufbar.

Impressum:

Copyright © 2008 GRIN Verlag, Open Publishing GmbH
Druck und Bindung: Books on Demand GmbH, Norderstedt Germany
ISBN: 978-3-668-12377-9

Dieses Buch bei GRIN:

http://www.grin.com/de/e-book/118822/physische-geographie-des-denali-national-parks-in-alaska

Nils Grund

Physische Geographie des Denali Nationalparks in Alaska

GRIN Verlag

<u>Belegarbeit des Themas:</u>

Physische Geographie des Denali National Parks, Alaska

Nils Grund

Geographie (Diplom)
7. Fachsemester

OS Physische Geographie touristisch attraktiver Gebiete

Wintersemester 2007/08

Abgabedatum: 01.02.2008

Inhaltsverzeichnis

1. Einleitung

Die Landschaften des Denali National Park and Preserve sind das Ergebnis der regionalen geologischen Prozesse und der Aktivität von Gletschern.

Einer der wichtigsten Einflüsse auf die Ökosysteme des Denali Nationalparks ist dabei die Alaska Range, ein massives Gebirge, welches sich von Südwesten nach Nordosten durch das südliche Gebiet es Nationalparks erstreckt. Es bildet eine klimatische Barriere und schafft somit zwei prägende Hauptklimazonen. Zudem verursacht es gewaltige Höhenunterschiede innerhalb des Parks.

In jüngster Zeit werden die Ökosysteme und das Landschaftsbild vor allem durch die Erwärmung des Klimas beeinflusst und verändert.

Die genannten Punkte sollen in der Belegarbeit angesprochen aufgezeigt und erläutert werden.

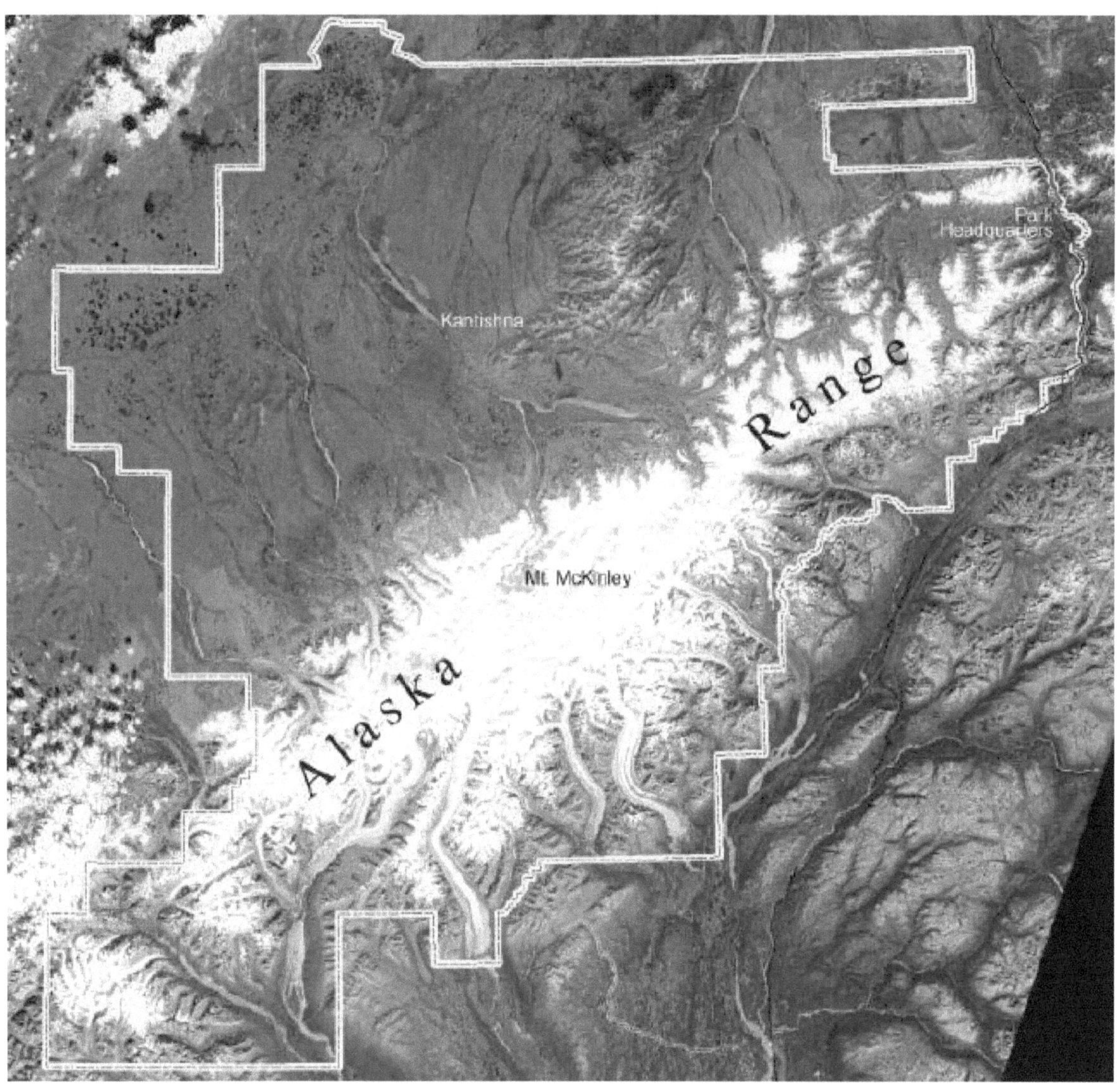

Abb. 1: Satellitenfoto des Denali Nationalparks mit administrativen Grenze;
Quelle: HOOGE / ADEMA / MEIER / ROLAND / BREASE / SOUSANES / TYRRELL, S. 8

2. Alaska - Lage, Geschichte, Wirtschaft, landschaftliche Großräume

2.1. Lage

Alaska bedeutet in der Sprache der Ureinwohner soviel wie „das große Land". Es befindet sich im äußersten Nordwesten des nordamerikanischen Kontinents. Im Osten grenzt es an Kanada, das restliche Alaska wird von Meer umschlossen; im Norden befindet sich der Arktische Ozean, im Westen die Beringstraße, im Süden der Nordpazifik (LEHRLING 2006, S. 5).

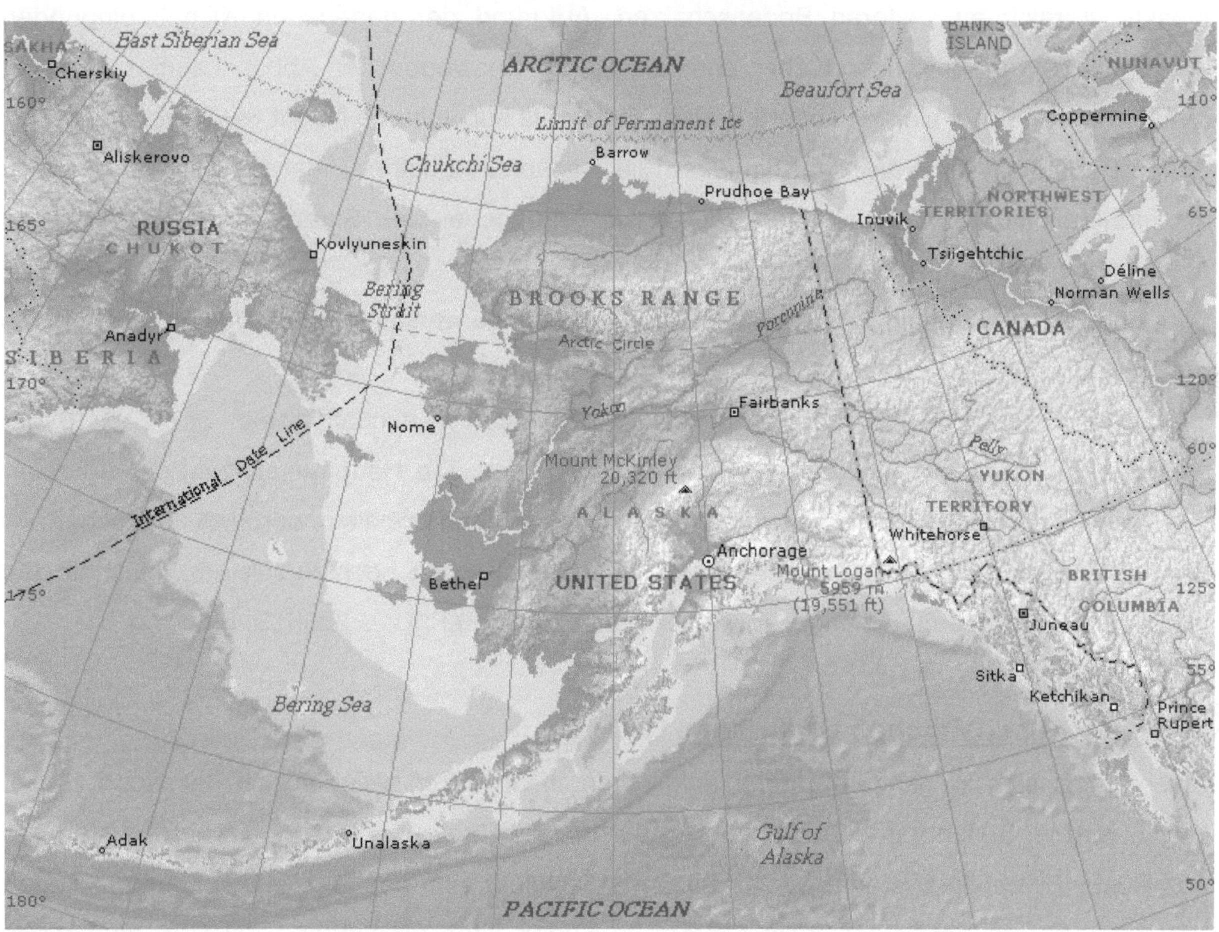

Abb. 2: Alaska; Quelle: http://encarta.msn.com/map_701534514/Wonder_Lake.html

2.2. Geschichte

Vitus Bering erreichte im Jahr 1741 als erster Europäer die Südküste Alaskas. Seitdem verwaltete es bis 1867 der russische Staat. Reger Pelzhandel setzte ein. Russland verkaufte Alaska 1867 für 7,2 Millionen US-Dollar an die USA. Ende des 19. Jahrhunderts kam es infolge des Goldrausches zu einer Masseneinwanderung, die Bevölkerungszahl verdoppelte sich annähernd. 1957 entdeckte man alaskanische Erdölvorkommen. Daraufhin begann man1968 mit dem Bau der 1.300 Kilometer langen Trans-Alaska-Pipeline von Prudhoe Bay bis zum eisfreien Hafen von Valdez im Süden

Alaskas (http://www.amerika-live.de/USA/Alaska/alaska.htm). Seit dem 3. Januar 1959 ist das 1.518.807 km^2 große Alaska der 49. Bundesstaat der USA (LEHRLING 2006, S. 5).

2.3. heutige Wirtschaftsstruktur

Die Ölförderung stellt, mit einem Anteil von etwa 85 Prozent am Bruttoinlandprodukt, Alaskas wichtigsten Wirtschaftszweig dar. Fast die gesamte Menge (97%) des gewonnenen Rohöls wird im Territorium des North Slope, im äußersten Norden Alaskas, gefördert.

Alaska ist reich an weiteren Bodenschätzen. Aufgrund der gegebenen Klimabedingungen gestaltet sich der Abtransport aber eher schwierig, weswegen der Abbau kaum bzw. nicht rentabel wäre. Daher bleiben andere Bodenschätze bis auf weiteres so gut wie ungenutzt.

Große Bedeutung für Alaska hat hingegen die Fischerei-Industrie. Dieser Wirtschaftszweig ist mit mehr als 70.000 Beschäftigten der größte Arbeitgeber des Staates. Die Gewässer um Alaska zählen zu den fischreichsten der Welt.

Die Landwirtschaft hat hingegen kaum Bedeutung, ebenso wenig die Forstwirtschaft, trotz eines hohen Waldanteils in Alaska.

Die Tourismusbranche repräsentiert den zweitwichtigsten Wirtschaftszweig. Seit den 1970er Jahren erfolgt eine stetige Zunahme der Besucherzahlen. Die Hauptreisezeit ist der Sommer. Die Motive für eine Alaskareise sind für die Besucher größtenteils die unberührte Landschaft.

In abgelegenen Gebieten praktiziert die indigene Bevölkerung noch Subsistenzwirtschaft. Sie leben von der Fischerei und Jagd, sowie der Karibuzucht (LEHRLING 2006, S. 5ff).

2.4. Die landschaftlichen Großräume

Alaska lässt sich in vier Großräume aufgliedern. Im Norden befindet sich der North Slope. Dieser wird im Süden von dem Gebirgszug der Brooks Range begrenzt, dem nördlichsten Teil des Rocky Mountain Systems. Weiter im Süden schließt sich das Gebiet des Central Plateau (Interior) an. Das Pacific Mountain System im Süden kann als vierter Großraum angesehen werden (LEHRLING 2006, S. 9).

Der Denali Nationalpark umfasst Anteile Interior Alaskas und der Alaska Range (SOUSANES[a], S. 59). Das Gebirge und bildet den nördlichsten Teil des Pacific Mountain System. Der Alaskakette sind die Chugach Mountains und Kenai Mountains vorgelagert (MUHS, THORSON et. al 1987, 519). Als charakteristisches Merkmal für Interior Alaska lassen sich unter anderem die weiten Tiefebenen nennen, welche von breiten Flusstälern durchschnitten werden. Kleinere Gebirgszüge, wie beispielsweise die Kuskokwim Mountains in der nordwestlichen Parkregion Denalis, ergänzen das Landschaftsbild (HOOGE / ADEMA / MEIER / ROLAND / BREASE / SOUSANES / TYRRELL, S. 7).

3. Die Lage und naturräumliche Gliederung des Denali Nationalparks

Abb. 3: Denali Nationalpark, Mt. McKinley-Massiv und Tundra;

Foto: Bildagentur Huber/Bernd Römmelt; Quelle: Harenberg Wochenkalender 2006

3.1. Lage und Allgemeines

Der Nationalpark befindet sich in Zentralalaska, etwa 245 Meilen nördlich von Anchorage und 120 Meilen südlich von Fairbanks. Im Jahr 1917 wurde er als Mount McKinley Nationalpark auf Initiative von Charles Sheldon gegründet (PALKA 2000, S. 7 und 37). Sheldon unternahm in den frühen Jahren des 20. Jahrhunderts Reisen in das heutige Gebiet des Denali Nationalparks und studierte dort Verhaltensweisen verschiedener Wildtiere (HOHERMUTH / RUNGE 1992, S. 162). Im Jahr 1980 erfolgte die Umbenennung des Mount McKinley Nationalparks in Denali National Park (http://www.nationalparkreservations.com/denali-national-park-and-preserve.htm). Zudem erweiterte man die Nationalparkfläche (PALKA 2000, S. 27).

Abb. 4: Lage des Denali Nationalparks in Alaska, Quelle: ELIAS 1995, S. 7 (stark bearbeitet)

Der Nationalpark umfasst gegenwärtig eine Fläche von 24.394 Quadratkilometern (NATIONAL GEOGRAPHIC SOCIETY 2002, S. 392) und enthält mit dem 6.194 Meter hohen Mt. McKinley die höchste Erhebung Nordamerikas (MARTIN 2003, S. 380 UND 382).

3.2. Die naturräumliche Gliederung des Nationalparks

Der Denali Nationalpark hat Anteil an drei großen Ökozonen, und zwar dem Boralen Nadelwald, der Tundra und dem alpinen Hochgebirge der Alaska Range (HOOGE / ADEMA / MEIER / ROLAND / BREASE / SOUSANES / TYRRELL, S. 11f).

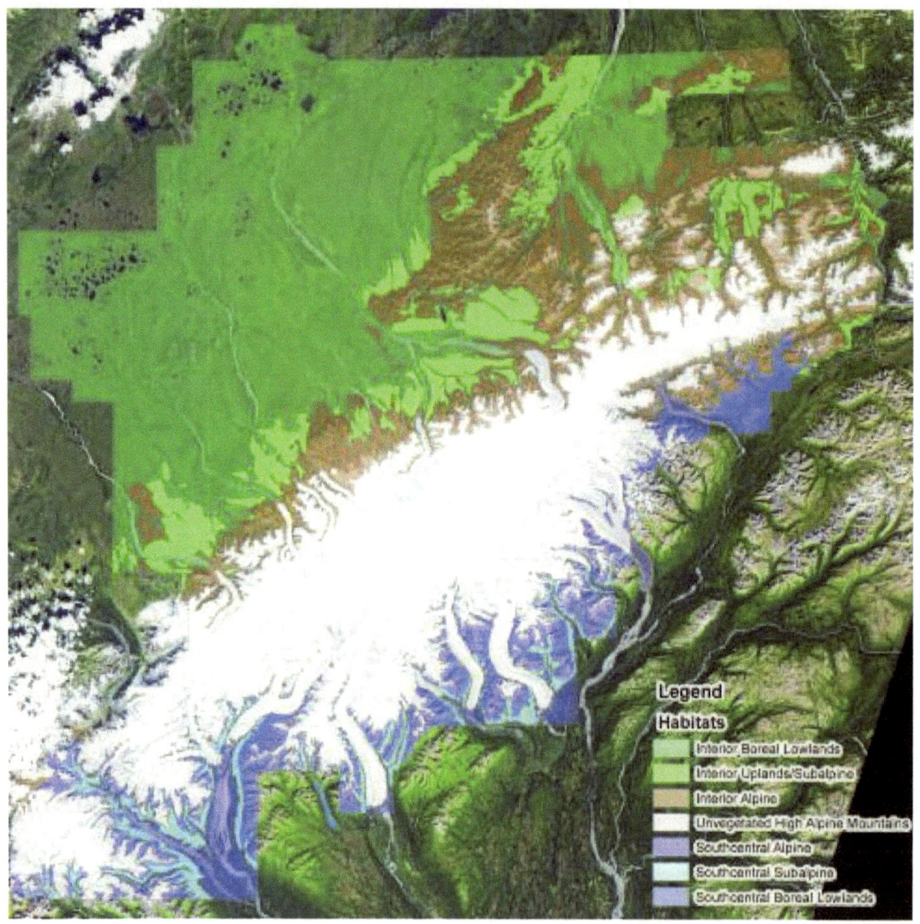

Abb. 5: Satellitenfoto des Denali Nationalparks mit seinen hauptsächlichen Ökozonen; Quelle: HOOGE / ADEMA / MEIER / ROLAND / BREASE / SOUSANES / TYRRELL, S. 11

Vergrößerte Legende (aus Satellitenfoto entnommen)

4. Genese und Geologie Alaskas und der Denali Nationalpark - Region

4.1. Geologie Alaskas

Das heutige Erscheinungsbild Alaskas und des Denali Nationalparks ist das Ergebnis einer Vielzahl von geologischen Prozessen, welche im Verlauf der Erdgeschichte an der westamerikanischen Küste stattfanden. PRESS/SIEVERS fassen es folgend knapp zusammen: „Die gesamte Geschichte der Kordillere ist äußerst kompliziert […]. Es ist eine Geschichte der Wechselwirkung zwischen der Pazifischen und der Nordamerikanischen Platte im Verlauf der vergangenen Milliarden Jahre. […] Sämtliche Erscheinungsformen, die mit Plattenkollisionen zusammenhängen, sind dort nachzuweisen: Akkretion fremder kontinentaler und ozeanischer Mikroplatten[…], intensive Überschiebungs- und Faltentektonik in Tiefwasser- und Schelfablagerungen, Vulkanismus und die Intrusion granitischer Plutone, Metamorphose und die Überprägung" durch Orogenesen. (PRESS / SIEVERS 1995, S. 494).

All diese Erscheinungsformen trugen auch zu dem heutigen Bild des Denali-Nationalparks bei. Der Nationalpark hat zum einen Sedimentationsbecken und kilometerstarke Sedimentablagerungen aufzuweisen, zum anderen gibt es im Süden das Faltengebirge der Alaska Range, welches von dem Denali-Verwerfungssystem durchstoßen wird. Die heutige zentrale Alaskakette wird von ehemaligen Granitintrusionen gebildet und ganz Alaska, einschließlich dem Gebiet des Denali Nationalparks, ist aus geologischer Sicht ein Gebilde aus einer Vielzahl von Terranen (vgl. COLLIER 1989).

Der Begriff Terrane stammt aus Nordamerika und leitet sich von dem Wort Terrain ab, was soviel heißt wie Gebiet bzw. Bereich. Im geologischen Sinn stellen Terrane kleine Lithosphärenplatten (Inseln, Kontinentalreste, Späne ozeanischer Kruste) dar, so genannte Mikroplatten, die auf ozeanischen Platten mitgeschleppt werden.

Weil Terranes der ozeanischen Platte aufliegen, driften sie mit dieser früher oder später in Richtung einer Kollisionszone. Bei Subduktion der ozeanischen Platte unter die kontinentale Platte schürft sich das Terrane von seinem Unterlager ab, da kontinentale Kruste relativ leichter ist als ozeanische Kruste. Das Terrane wird deswegen nicht mit der ozeanischen Platte subduziert. Vielmehr erfolgt ein „Anschweißen" des Terranes an den Kontinent. Dieser Prozess wird als Akkretion (Anlagerung) bezeichnet. Durch die Akkretion fremder Mikroplatten und Inseln wächst der Kontinent flächenmäßig.

Benachbarte Terranes unterscheiden sich, hinsichtlich Gesteinszusammensetzung, der Art des Paläomagmatismus, der Art der Faltung bzw. Bruchtektonik oder auch in Bezug auf Fossilienfunde, in der Regel sehr stark voneinander. Wegen der abweichenden Gesteinseigenschaften benachbarter Terranes wirken akkretierte Mikroplatten gegenüber angrenzenden Gebieten als „exotisch" und belegen dadurch ihre fremdbürtige Herkunft. Charakteristisch für Terranes ist ebenso, dass sie von Verwerfungen umgeben sind (PRESS / SIEVER 1995, S. 473).

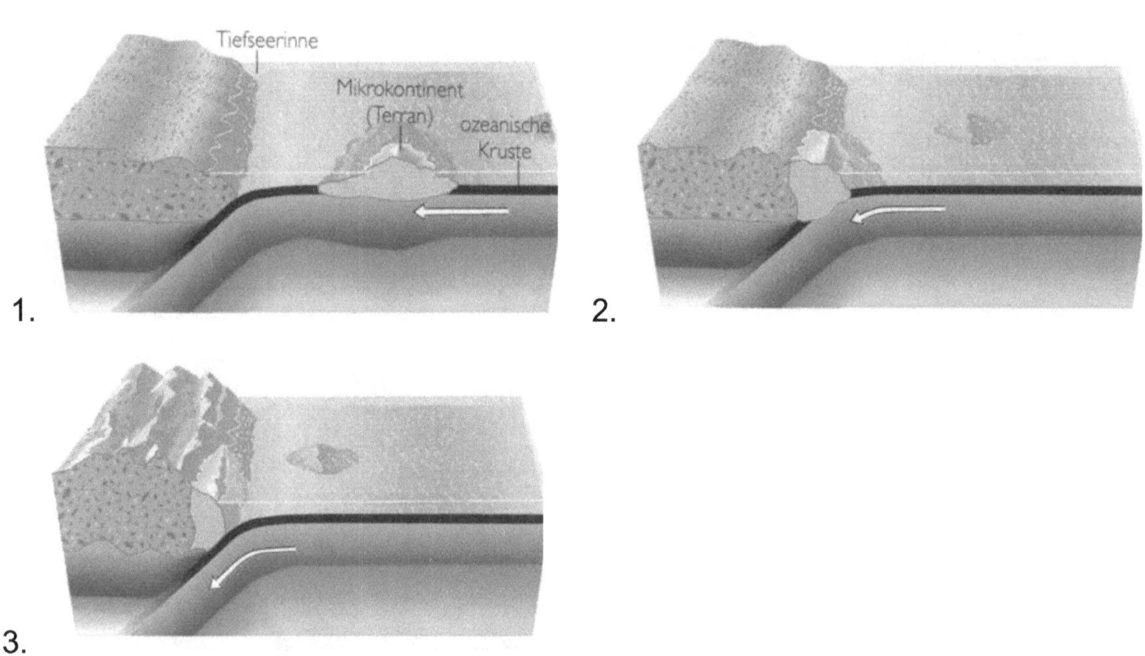

Abb. 6: Prinzip der Akkretion; Quelle: PRESS / SIEVER 1995, S. 473 (Abb. bearbeitet)

Alaska ist so ein Gebilde vieler einzelner Terrane (COLLIER 1989, S. 42f; MUHS / THORSON ET. AL 1987, S. 518).

Durch die Subduktion der heute nicht mehr existierenden Farallon-Platte unter die Westküste Nordamerikas näherten und lagerten sich Terranes aus dem Pazifik dem nordamerikanischen Kontinent an. Damit einhergehend überschoben sich die angeschweißten Mikroplatten auch gegenseitig und wurden entlang großer Seitenverschiebungen nach Norden und Süden abgelenkt (EISBACHER 1988, S. 96f). Heute subduziert die Pazifische Platte vor Alaska (unter den Aleutenbogen) mit einer Geschwindigkeit von etwa 5 – 6 cm pro Jahr (EISBACHER 1988, S. 144).

4.2. Geologie des Denali Nationalparks

Der Denali National Park befindet sich auf mehreren Terrane-Komplexen. Dazu gehört das Gebiet nördlich der Hines Creek Verwerfung, der Bereich südlich der McKinley-Verwerfung und als drittes Gebiet der Bereich, der zwischen den beiden Störungen liegt. Die Region nördlich der Hines Creek-Verwerfung gehört zum so genannten Yukon-Tanana-Terrane (COLLIER 1989, S. 42). Hier befindet sich die älteste geologische Formation in Alaska, der Schiefer des Yukon-Tanana Uplands (Birch Creek Schist). Er ist erkennbar an den Aufschlüssen entlang des Birch Creeks. Die Schiefer lagerten sich als marine Sedimente in flachen Meeren des Paläozoikums ab. (WAHRHAFTIG 1965, S. 5).

Das Gebiet zwischen Hines Creek und McKinley Verwerfung ist ein Mosaik aus vier Terranes – dem Pingston-, dem Windy-, dem Dillinger- sowie dem McKinley-Terrane.

Die Region südlich der McKinley-Verwerfung lag gegen Ende des Mesozoikums, vor etwa 70 Millionen Jahren, am Ozean. Zur selben Zeit näherte sich das Talkeetna Superterrane (Verbund von mehreren kleineren Terranes – u.a. der Wrangellia-Komplex) Alaska. Infolge dessen bildete sich ein großes marines Becken, in das gewaltige Sedimenteinträge der beiden Landmassen erodierten. In der späten Kreidezeit begann die Faltungsphase der Gebirgsregion, die durch die Kollision der beiden Landmassen hervorgerufen wurde.

Die orogene Gebirgsbildung dauerte bis in das Tertiär an. Die marinen Flyschsedimente, welche sich zuvor in das marine Becken ablagerten wurden gefaltet (COLLIER 1989, S. 43f / THOMS, S. 7). Der Begriff Flysch definiert das akkumulierte Sediment in einer Geosynklinale, bevor das Gebirge gefaltet wird (LESER 2001, S. 222).

Zu Beginn des Tertiärs schob sich das Superterrane über Teile des kontinentalen Alaskas. Während der Aufschiebungsphase kam es zur Kompression der Landmassen. Kleinere Terranes wurden gestaucht und zwischen größeren eingequetscht (COLLIER 1989, S. 44).

Durch die Gebirgsfaltung setzte verstärkte Erosion ein. Die Erosionsprodukte lassen sich auf der Nordseite des Denali-Nationalparks gut an der so genannten Cantwell Formation nachweisen. Sie weist ein ungefähres Alter von 60 bis 70 Millionen Jahren auf. Sie ist bis zu 5.000 Fuß mächtig und verläuft in etwa parallel zur Gebirgskette der Alaska Range. Die untere Hälfte der Cantwell Formation setzt sich aus verschiedenen Sedimentgesteinen (Kalkstein, Sandstein, Quarzit u. a.) zusammen.

Vulkanisches Gestein bildet den oberen Teil der Cantwell Formation. Die Ablagerung des Vulkangesteins setzte zu Beginn des Tertiärs vor etwa 60 Millionen Jahren ein, Sie war Resultat vulkanischer Tätigkeit unter den sedimentären Schichten der Cantwell Formation. Die Basalt-Andesit- und Rhyolitlaven lagerten sich horizontal auf die anstehende Sedimentschicht ab und überdeckten diese (COLLIER 1989, S. 22f).

Abb. 7: Cantwell Formation am Cathedral Mountain; Quelle: COLLIER 1989, S. 24

Die bis heute andauernde Hebung der Alaska Range begann vor 6,7 und 5,4 Millionen Jahren. Sie beruht zum einen auf die Pressung- und Stauchungsvorgänge des, zwischen der Pazifische Platte und dem Wrangellia Terrane, eingeklemmten Yakutat-Terrane in Südost-Alaska, zum zweiten auf eine veränderte Bewegung der Pazifischen Platte unter den nordamerikanischen Kontinent. Viele der zuvor südwärts fließenden Flussläufe änderten während der Hebung ihre Entwässerungsrichtung nach Norden, sodass sie sich in das entstehende Gebirge einschnitten. Fluvial ausgeräumte Sedimente akkumulierten sich im nördlichen Hinterland. Es bildeten sich fächerartige Flusssysteme heraus (THOMS, S. 7f).

4.3. Der Zentralbereich der Alaska Range

Der zentrale Bereich der Alaska Range war ebenso von plutonischen Tätigkeiten zu Beginn des Känozoikums betroffen. Im Gebiet des Mt. McKinley intrudierte Magma in das Felsgestein, erreichte aber nie die Oberfläche. Es kühlte zu granitischen Plutonen aus. Durch die Verwitterung und Erosion der gefalteten Flyschsedimente wurde das plutonische Intrusivgestein freigelegt und bildet heute das Herzstück der hohen Alaska Range – darunter das Kahiltna- und McKinley-Massiv. Heute bezeichnet man das freigelegte Tiefengestein als McKinley-Granit.
Die Kontaktgrenze zwischen dem hellen, etwa 60 Millionen Jahre alten, McKinley-Granit und den dunklen Felsen des Flyschs, in das das Intrusivgestein ursprünglich intrudierte, lässt sich gut am Gipfel des Mt. McKinley-Massivs erkennen. Vor etwa 38 Millionen Jahren intrudierten erneut plutonische Magmen im Gebiet der zentralen Alaska Range. Jenes Intrusivgestein bildet das heutige Massiv des Mt. Foraker (COLLIER 1989, S. 25), die zweithöchste Erhebung (5.304m) der Alaska Range (THOMS, S. 7).

<u>_Abb. 8:_</u> Sedimentgesteinkappen über hellerem Granit in zentraler Alaska Range;
Quelle: COLLIER 1989, S. 27

4.4. Das Denali-Verwerfungssystem

Das Denali-Verwerfungssystem bildete sich im Faltungszeitraum der Alaska Range heraus und ist seitdem aktiv. Es umfasst eine Gesamtlänge von circa 1.200 Kilometern (HOOGE / ADEMA / MEIER / ROLAND / BREASE / SOUSANES / TYRRELL, S. 8), gehört zum Verwerfungstyp der Transformstörung (Seitenverschiebung) und wurde 1957 entdeckt. Die Störung erstreckt sich von Südost-Alaska bis zum Beringmeer. Sie untergliedert sich in mehrere Teilsegmente, darunter McKinley-Verwerfung (COLLIER 1989, S. 31).

4.5. Die McKinley-Störung

Die McKinley-Verwerfung ist als Teilsegment des Denali-Verwerfungssystems anzusehen und bildet eine rechtsseitige Verschiebung. Sie verläuft durch den südlichen Denali Nationalpark und durchschneidet das Gebirge der Alaska Range. Dabei verschiebt die McKinley-Störung den nördlichen und südlichen Bereich der Alaska Range gegeneinander.

Ein Beweis für die Aktivität der McKinley-Verwerfung ist der Verlauf einiger, sich in nördliche Richtung erstreckende, Gletscherzungen (z.B. Muldrow-, Foraker- und Chedotlothna-Gletscher). Diese fließen aus der Alaska Range über die McKinley-Störung und werden durch die rechtsseitige Verschiebung der Verwerfung nach Osten abgelenkt. Wenige Kilometer weiter östlich schlagen die Gletscherzungen wieder eine nordwärts gerichtete Bewegung ein. Dieses Zickzack-Muster beweist, dass die Gletschernährgebiete in der zentralen Alaska Range nach Westen gezogen werden, während Ausläufer der Gletscher nördlich der Verwerfung, östlich verbleiben.

Ein weiterer Beleg für die Aktivität des der McKinley-Verwerfung lässt sich anhand der Mt. Foraker- und Mt. McGonagall-Massive erkennen. Beide Berge entstammen demselben Plutonmassiv, welches sich vor etwa 38 Millionen Jahren durch Intrusionsprozesse bildete und durch Erosion der Deckschichten freigelegt wurde. Seitdem verschoben sich die beiden Berge entlang der McKinley-Verwerfung um etwa 25 Meilen (COLLIER 1989, S. 32).

4.6. Erdbeben am Denali-Verwerfungssystem

Das letzte größere Beben, welches durch das Denali-Verwerfungssystem in Alaska ausgelöst wurde, ereignete sich im Jahr 2002. Nach einigen Vorbeben im Oktober folgte am 3. November ein mittleres Beben mit einer Stärke von 7,9. Mehrere Teilsegmente der Denali-Störung wurden erfasst. Die Gesamtlänge des, durch das Erdbeben ausgelösten, Bruchs betrug 320 Kilometer. Der Erdbebenherd des Novemberbebens des Jahres 2002 befand sich 30 Kilometer östlich des Denali Nationalparks.

Erdbeben in Alaska werden zudem durch die Wrangell-Subplate und den so genannten Yakutat-Block erzeugt. Diese werden infolge der subduzierenden pazifische Platte unter Alaska gepresst und zusammengestaucht, woraus Erschütterungen resultieren (US GEOLOGICAL SURVEY USGS, Fact Sheet 014-03).

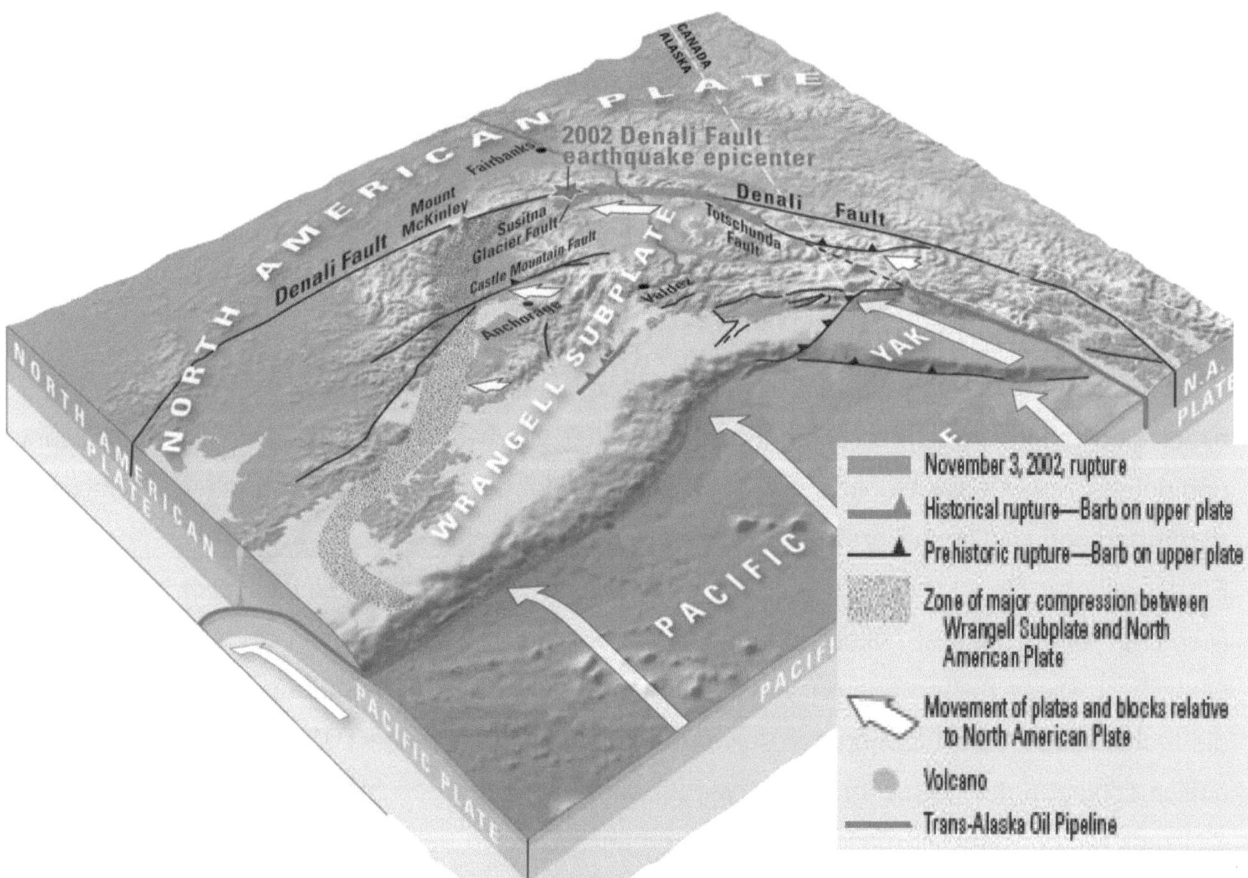

Abb. 9: Schema der tektonischen Verhältnisse im Süden Alaskas mit Erdbebenherd vom 3. November 2002 auf dem Denali-Verwerfungssystem; Quelle: US GEOLOGICAL SURVEY (USGS) 2003

Abb. 10a: Photo: CRAW, P. (DGGS) -
view of the Trans-Alaska Pipeline and Richardson Highway
Das Beben versetzte den, im Bild nördlich zu sehenden
Bereich der Straße 2,5m ostwärts

Abb. 10b: Photo: WERDON, M. (DGGS) -
Schneelawinen und Felsstürze
am West Fork Glacier

Abb. 10c: Photo by TRABANT, D. (USGS) - Massenbewegungen am Black Rapids Glacier
Quelle Abb. a-c: http://wwwdggs.dnr.state.ak.us/?menu_link=engineering&link=denali_fault

4.7. Seismische Aktivitäten im Denali Nationalpark

Die meisten der Erdbeben im Nationalpark sind nur von geringer Stärke. 70 Prozent der Erdbebenanzahl weisen durchschnittliche Stärken zwischen 1,5 und 2,5 auf. Häufig treten sie in der Nähe der Oberfläche auf. Kleine, lokale Beben (mit einer Stärke von etwa 2) misst man in der Regel jeden Tag. Pro Jahr ereignet sich im Durchschnitt mindestens ein Ereignis mit der Größenordnung 4. Die höchste Erdbebentätigkeit im Nationalpark selbst verzeichnet die Region der zentralen Alaska Range, vor allem der Bereich unter dem McKinley-Massiv ist seismisch besonders aktiv (HANSEN, S. 23 und 25).

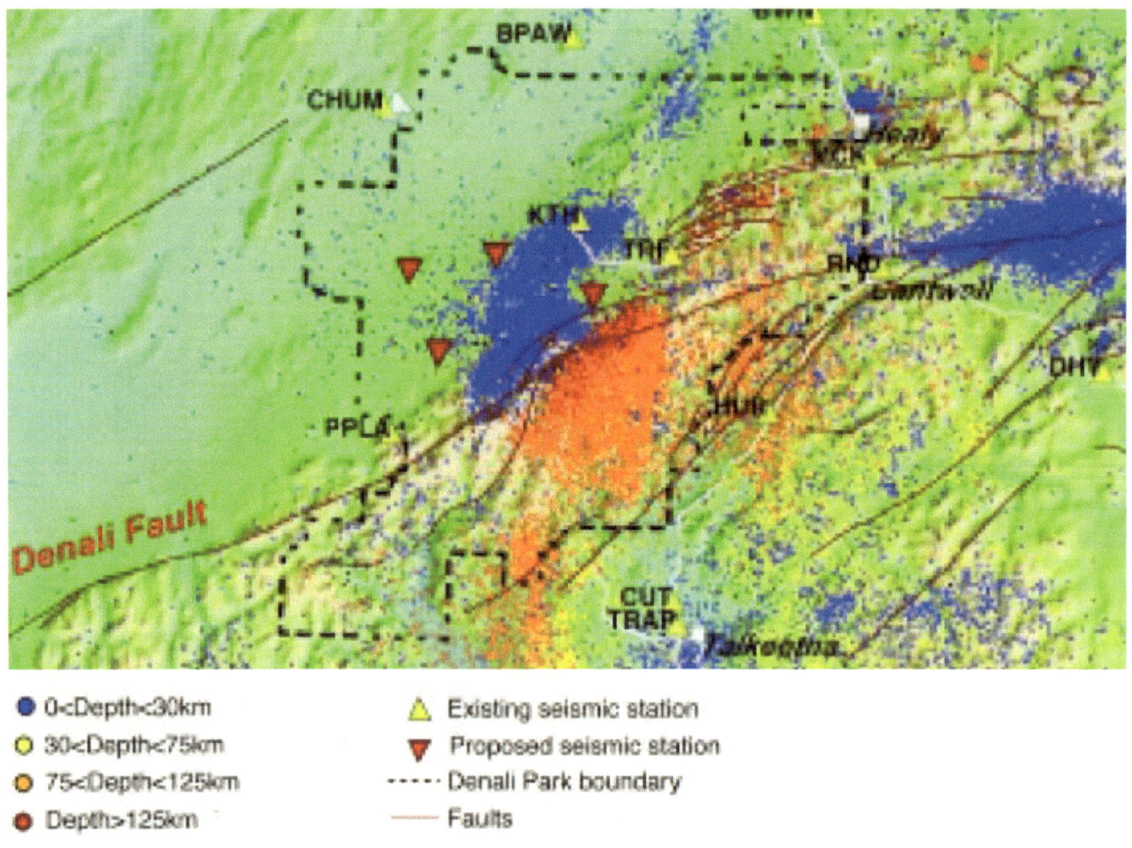

Abb. 11: seismische Aktivitäten im Denali Nationalpark – Auftreten, Tiefe der Epizentren, Lage von Messstationen und Verwerfungen;

Quelle: HANSEN, S. 25

5. Die Glazialgeschichte des Denali Nationalparks

5.1. Die pleistozäne Vereisung Alaskas (2 Mio. bis ca. 10.000 Jahren v. h.)

In der Phase des Quartärs wurde Nordamerika, einschließlich großen Teilen Alaskas (darunter die Alaska Range), von Inlandseismassen bedeckt. Deswegen war auch die Denali Nationalpark – Region während der vergangenen zwei Millionen Jahren von wiederholten Vorstößen und Rückzügen der nördlichen Inlandseisdecke des Pleistozäns betroffen. Es gab mehrere Vereisungsphasen, denen Interstadiale zwischengeschaltet waren. Interior Alaska hingegen war während des Pleistozäns ständig eisfrei und stellte die meiste Zeit ein Permafrostgebiet dar (vgl. COLLIER 1989, S. 15f; ELIAS 1999; HOOGE / ADEMA / MEIER / ROLAND / BREASE / SOUSANES / TYRRELL, S. 8f).

5.2. Das Wisconsin in Alaska

Die letzte Vereisung des Pleistozäns in Nordamerika war die Wisconsin-Vereisung. Sie untergliedert sich in die Healy Glaciation (Frühes Wisconsin Stadial), dem darauf folgenden Boutellier Interstadial und der Healy Glaciation (Spätes Wisconsin Stadial).

Im Frühen Wisconsin Stadial (70.000 – 60.000 Jahren vor heute) war die südliche Alaska Range von einem zusammenhängenden Eisschild bedeckt. Da das Gebirge sämtliche, aus dem Süden kommende, Niederschläge größtenteils abfängt, bildeten sich auf der Nordseite des Gebirges lediglich mächtige Talgletscher.

Das Boutellier Interstadial (60.000 – 30.000 Jahren vor heute) kennzeichnet eine Periode milderen Klimas, in der die Gletscher zu großen Teilen abschmolzen. In Interior Alaska etablierte sich eine Mischung aus borealem und tundrenartigem Ökosystem, bevor sich das Klima vor 30.000 Jahren erneut abkühlte (ELIAS 1995, S. 64 und 73f).

Das späte Wisconsin Stadial (Riley Creek Glaciation) stellte die letzte Vereisungsphase des Pleistozäns in Alaska dar. Sie ereignete sich vor 25.000 bis 9.500 Jahren vor heute. Sie war jedoch nicht mehr so umfangreich wie frühere Vereisungsperioden. Der Ausklang des Pleistozäns setzte vor etwa 13.000 Jahren ein. Das folgende Holozän verursachte ein großes Massenaussterben von Großsäugern, beispielsweise Mammut und Wildpferd. Durch die Erwärmung wurden Bodenbildungsprozesse initiiert, die Firn- und Baumgrenze stiegen (ELIAS 1995, S. 75f).

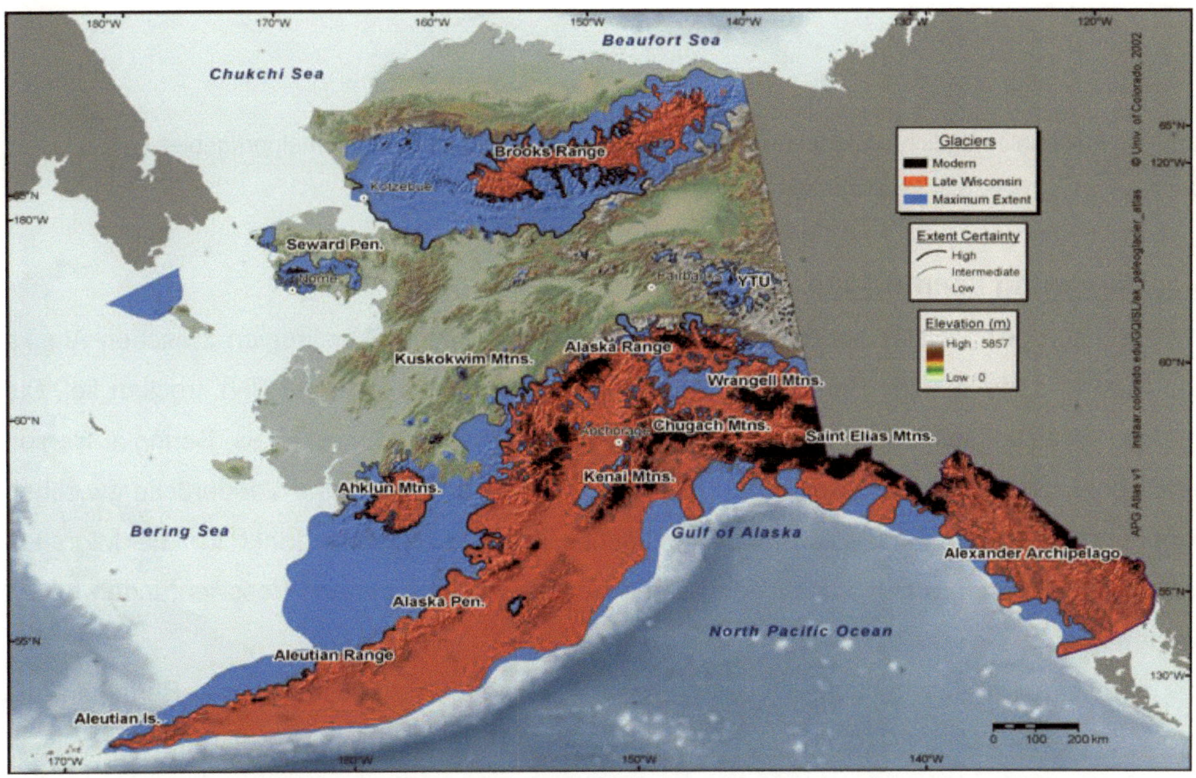

Abb. 12: Ausdehnung der pleistozänen Vereisung in Alaska – Maximum (blau), Spätes Wisconsin Glacial (rot) und rezente Ausdehnung (schwarz) der Gletscher Alaskas

Quelle: http://instaar.colorado.edu/QGISL/ak_paleoglacier_atlas/gallery/index.html

Etwa die Hälfte der Fläche Alaskas zeigt keine Anzeichen einer Vereisung auf. So blieb der Interior-Raum während der pleistozänen Epoche eisfrei. Der Grund ist die Alaska Range, welche ein Hindernis für Stürme aus dem nördlichen Pazifik bildet. Schnee und Eis akkumulierten sich in den südlichen Gebieten der Alaskakette. Der Norden blieb somit auch im Pleistozän niederschlagsarm und deswegen relativ trocken (ELIAS 1995, S. 61).

Die maximale Gletscherausdehnung während des Pleistozäns ist auf der folgenden Abbildung ersichtlich.

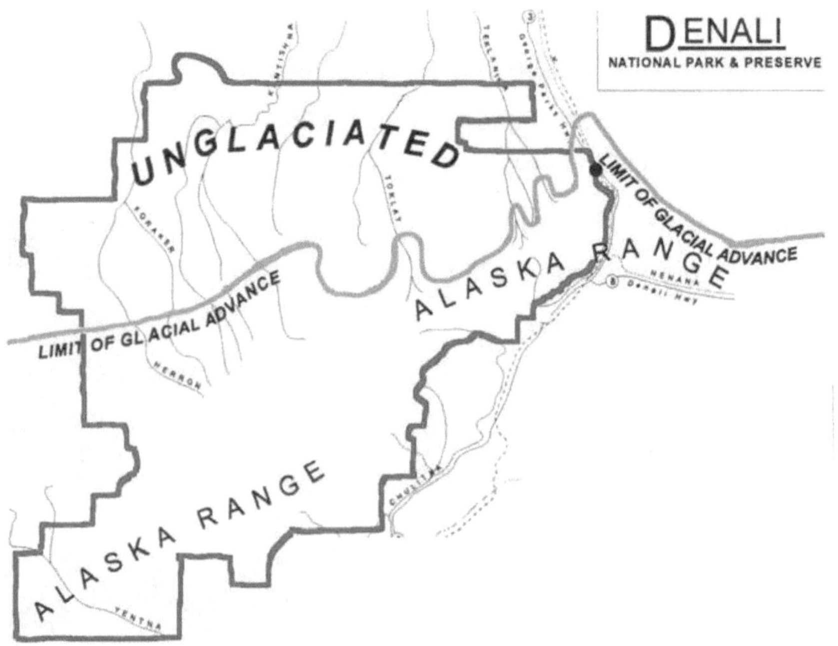

Abb. 13: maximale nördliche Ausdehnung der pleistozänen Gletscher im Nationalparkgebiet;
Quelle: PALKA 2000, S. 43 (bearbeitet)

5.3. Die Bering Land Bridge

Die Eiszeiten des Pleistozäns bewirkten, dass die relativ flache Schelfregion zwischen Alaska und Russland, die heutige Beringsee (im Durchschnitt < 100 Meter unter NN), trocken fiel. Die in den Vereisungsperioden trocken gefallene Landmasse wird heute als Beringia Region bezeichnet. Sie diente Lebewesen als Rückzugsraum und bildete eine Landbrücke zwischen dem amerikanischen und asiatischen Kontinent. Sie war Ausgangspunkt für die Migration zahlreicher Tierarten aus Nordostasien nach Nordamerika, was anhand Fossilienfunden belegt werden kann.

Der nördliche Teil des heutigen Denali Nationalparks gehörte zum ehemaligen Beringia-Land (HOOGE / ADEMA / MEIER / ROLAND / BREASE / SOUSANES / TYRRELL, S. 9; ELIAS 1995, S. 54).

Der Übergang in das holozäne Zeitalter leitete durch den Temperaturanstieg einen drastischen Rückgang der Gletscher und die Flutung der heutigen Beringstraße ein.

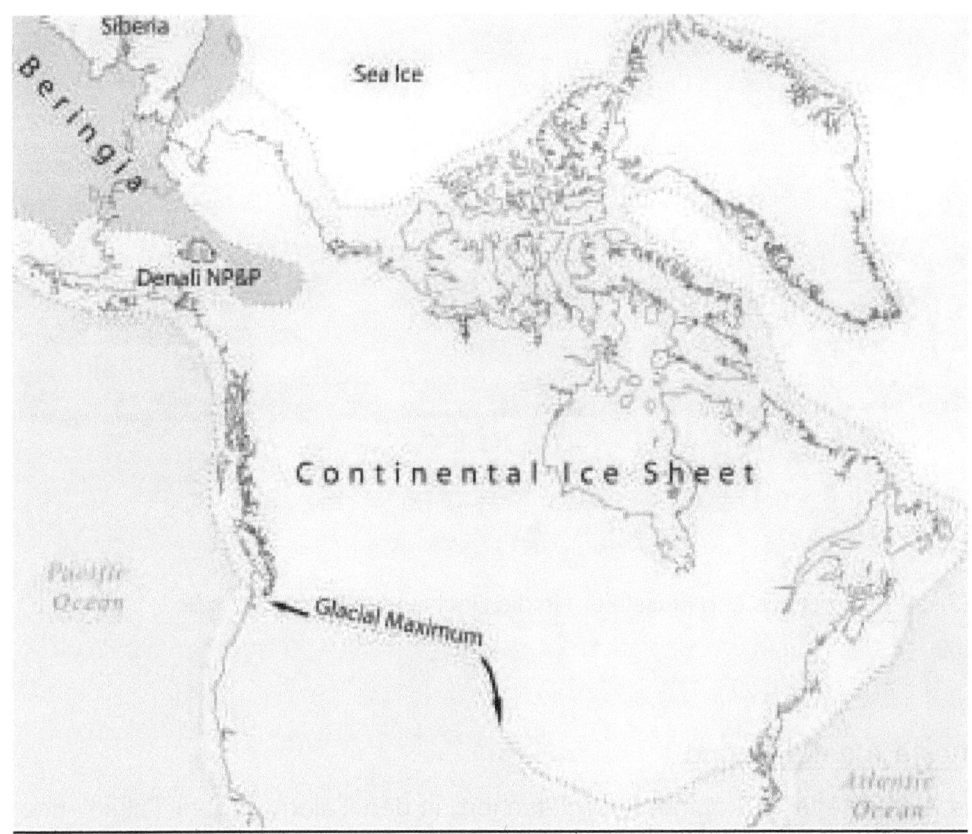

Abb. 14: Beringia-Land und kontinentale Eisdecke Nordamerikas im Pleistozän;
Quelle: HOOGE / ADEMA / MEIER / ROLAND / BREASE / SOUSANES / TYRRELL, S. 9

5.4. Löss

Viele Bereiche Interior Alaskas nördlich der Alaskakette sind mit Lössschichten bedeckt. In Alaska stellt Löss das am weitesten verbreitete Sediment des Quartärs dar. Das Trockenfallen der Flüsse in den Vereisungsphasen des Pleistozäns verursachte die Auswehung von Schluffpartikeln aus den Flussebenen durch trocken-kalte Winde. Infolge äolischen Transports akkumulierten sich die Schluffsedimente vor allem an Wind zugewandten Hängen alaskanischer Hochländer. Die Dicke der Lössdeckschichten variieren vom Millimeter- bis Meterbereich. Die stärksten Schichten (um die 60 Meter) lagern in der Nähe Fairbanks.

Ein großer Teil der Lössablagerungen wurden nach ihrer Akkumulation wieder in die Täler ausgewaschen. Dort reicherten sie sich in Form von mächtigen Schlammschichten (Tallöss) an, welche reich mit organischen Materialien durchsetzt sind. Durch die konservierende Wirkung des Permafrostes sind eine Vielzahl von Wirbeltier- und pflanzlichen Fossilien in den Tallössschichten enthalten. Die Partikelgröße steigt mit abnehmender Entfernung zu den Flussebenen, den Quellen der Lössverfrachtung. Die Zeiten der größten Lössablagerung Alaskas entsprechen den Hochzeiten der Vereisungen. Während dieser Periode waren die Flussebenen größtenteils frei von Vegetation (PEWE 1975, S. 37ff; ELIAS 1995, S. 59f und 68). So fehlte ein wirksamer Schutz vor der Deflationswirkung des Windes.

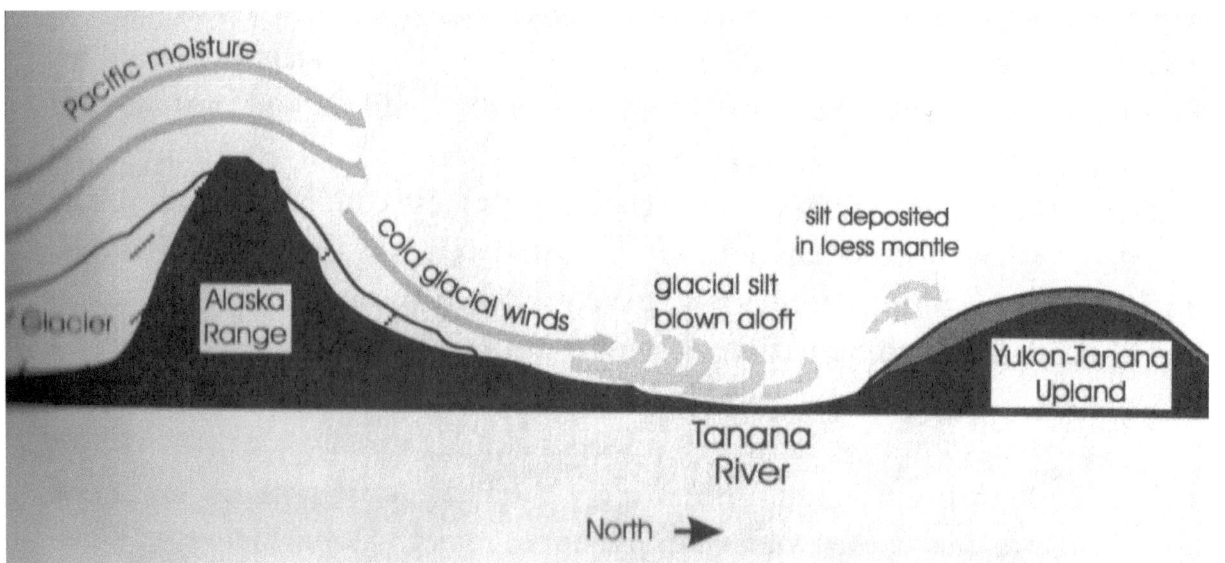

Abb. 15: Schema des Lösstransports aus den Flusstälern in die Hochländer Zentralalaskas

Quelle: ELIAS 1995, S. 69

5.5. Die vergletscherte Alaska Range

Im Pleistozän war die Alaskakette vollkommen vergletschert, in den Tälern gab es Talgletscher und Lawinenmaterialakkumulation. Durch Ausschleifen und Herauspressen von Steinen bzw. Erdmaterial erweiterten die Gletscherzungen infolge ihres Wachstums die Täler, schufen steile Felswände, U-Täler und Kare.

Abb. 16: gletschergeformtes U-Tal, Nähe Savage River;

Quelle: PALKA 2000, S. 45

Frostverwitterung, Detersion und Detraktion bestimmten die Materialaufbereitung. Zudem formten sich Grund-, Seiten-, Mittel- und Endmoränen, die auch heute noch gebildet werden. Kleinere Bergkuppen wurden durch das Eis gerundet (WAHRHAFTIG 1965, S. 13; ELIAS 1995, S. 65).

Abb. 17: vom Gletschereis geformte Berge der Alaska Range, Ruth Glacier mit Seiten- und Mittelmoränen; Quelle: http://photos.alaska.org/alaska-photos/Denali-National-Park-Photos.html

Im Nationalpark treten häufig Erratics (Findlinge) auf. Sie sind vom Gletschereis mitgerissene Felsbrocken, die für einen fluvialen Weitertransport nach dem Abschmelzen des Gletschers zu schwer waren und deswegen an den heutigen Stellen liegen blieben (ELIAS 1995, S. 67).

Abb. 18: Glacial erratic (Findling) im Denali Nationalpark; Quelle: COLLIER 1989, S. 16

5.6. Das unvergletscherte Tiefland des Denali

Die Landschaft des unvergletscherten Tieflandes von Denali ist durch Materialeintrag aus dem glazialen Gebiet der Alaska Range durch Flüsse und Wind gekennzeichnet.

Die Flüsse, welche durch den nördlichen Bereich des Denali Nationalparks fließen hatten und haben ihre Quellen in Gletschergebieten der Alaska Range und werden durch die Gletscher gespeist. Sie brachten und bringen große Mengen an Schotter und Geröll, sowie Ton- und Schluffpartikel aus dem Gebirgsbereich in die Tiefebene. Wenn die Flüsse in das Tiefland fließen, akkumulierten sie das gröbere Material in Form von breiten, weiten, ausgedehnten Flussfächern (Outwash Fans) (WAHRHAFTIG 1956, S. 16).

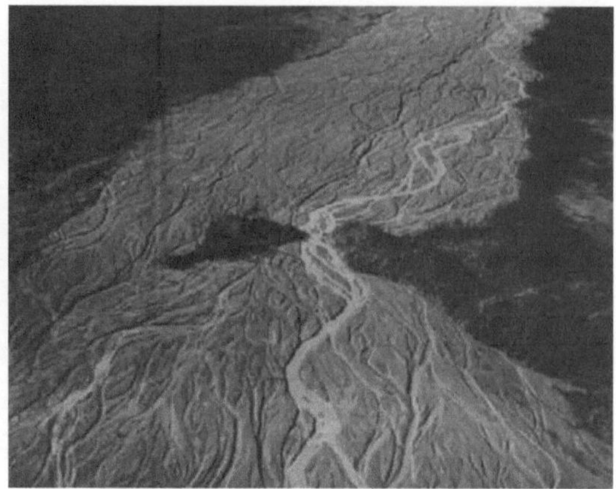

Abb. 19: Flussfächer; Quelle: *Abb. 20:* Flussfächer;
http://www.terragalleria.com/parks/np-image.dena1554.html   Quelle: WAHRHAFTIG 1956, pl. 3, Abb. 8

Die Schottereinträge führen zu einem stetigen Auffüllen und Aufhöhen der Flussbette. Dadurch kommt es wiederholt zu Uferunterschneidungen, Durchbrüchen und Überläufen. Die Flussbette werden infolge dessen ständig verlagert, zudem bildet sich eine Vielzahl von Gerinnearmen, wodurch die Flussfächer ausgeprägt werden.

Das Wildern ist Folge einer stoßweisen Zufuhr von Wasser mit großen Sedimentzulieferungen. Besonders zur Schneeschmelze nimmt der Materialtransport und die Abflussmenge zu – (WAHRHAFTIG 1956, S. 16).

5.7. Mäander nördlich der Schotterflächen

Flussabwärts wechselt die Form der Flussläufe vom parallelen bzw. fächerartigen Typ hin zu Mäandern. Aufgrund des Fehlens von Schotterflächen und des Vorhandenseins dichterer Bodenarten ist das Flussbett weniger leicht erodierbar als lose Schotterflächen. Der Abfluss muss sich auf wenige Hauptströme konzentrieren. Diese Flussströme bahnen sich in Mäandern durch die Tiefebene nördlich der Alaska Range. Sandbankbildungen sind keine Seltenheit.

Die Flüsse erfahren regelmäßige Überschwemmungen. Die wichtigsten jährlichen Hochwasser ereignen sich zur Schneeschmelze, wodurch reichlich Sedimenteinträge in das Tiefland erfolgen (WAHRHAFTIG 1965, S. 16).

Abb. 21: Interior Boreal Lowlands, Bearpaw River im National Park and Preserve;
Quelle: HOOGE / ADEMA / MEIER / ROLAND / BREASE / SOUSANES / TYRRELL, S. 12

6. Klimaverhältnisse im Denali Nationalpark

6.1. Charakterisierung des Klimas im Nationalpark

Die Region des Denali National Parks liegt in zwei großen Klimazonen. Durch das Gebirge der Alaska Range werden sie voneinander getrennt.

Der südliche Bereich des Nationalparks ist, verglichen mit der nördlich der Alaskakette gelegenen Parkregion, durch ein milderes Klima geprägt. Sie ist durch maritime Luftmassen, mildere Lufttemperaturen und hohe Regen- bzw. Schneefälle gekennzeichnet. Der durchschnittliche jährliche Niederschlag mit etwa 700 mm/Jahr ist fast doppelt so hoch wie auf der Nordseite der Alaska Range. Die südlichen Flanken der Alaska Range sind sehr schneereich, die Schneedecke bleibt häufig bis ins späte Frühjahr liegen. Permafrost ist in der Regel nicht vorhanden.

Die Nordseite weist hingegen kontinentale Bedingungen mit höheren Temperaturamplituden im Jahresverlauf und geringe Niederschläge auf. Die frostreichen Temperaturen im Winter, gekoppelt mit einem relativ geringen Schneefall führen zur Anwesenheit von Permafrost. (HOOGE / ADEMA / MEIER / ROLAND / BREASE / SOUSANES / TYRRELL, S. 9; SOUSANES[a], S. 59).

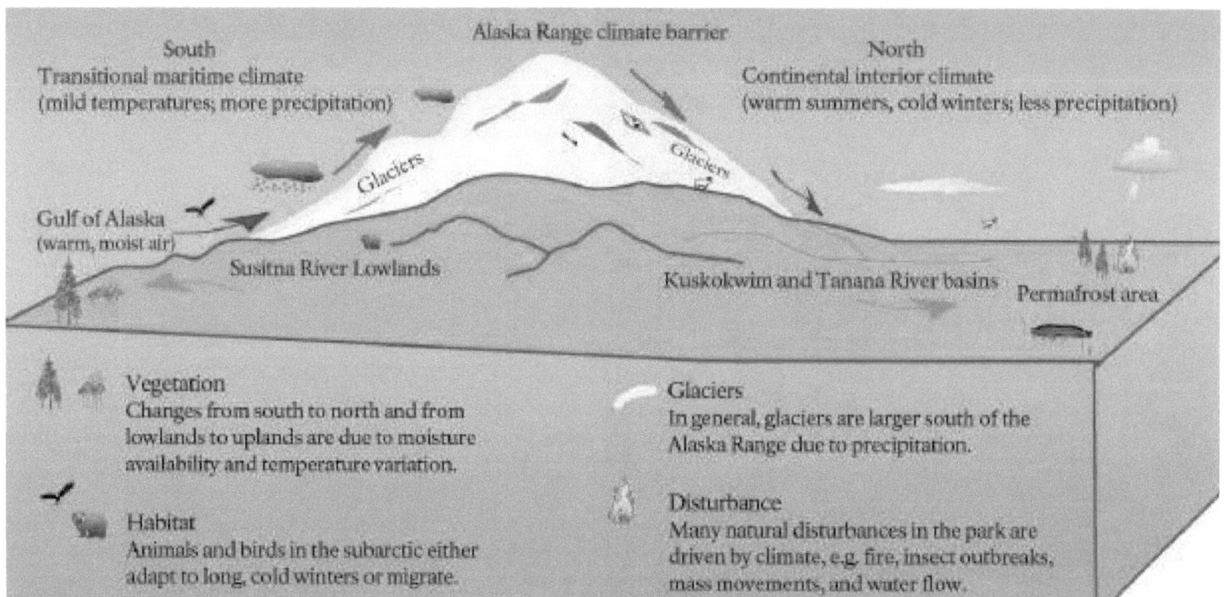

Abb. 22: Die zwei Hauptklimazonen im Denali Nationalpark;

Quelle: HOOGE / ADEMA / MEIER / ROLAND / BREASE / SOUSANES / TYRRELL, S. 9

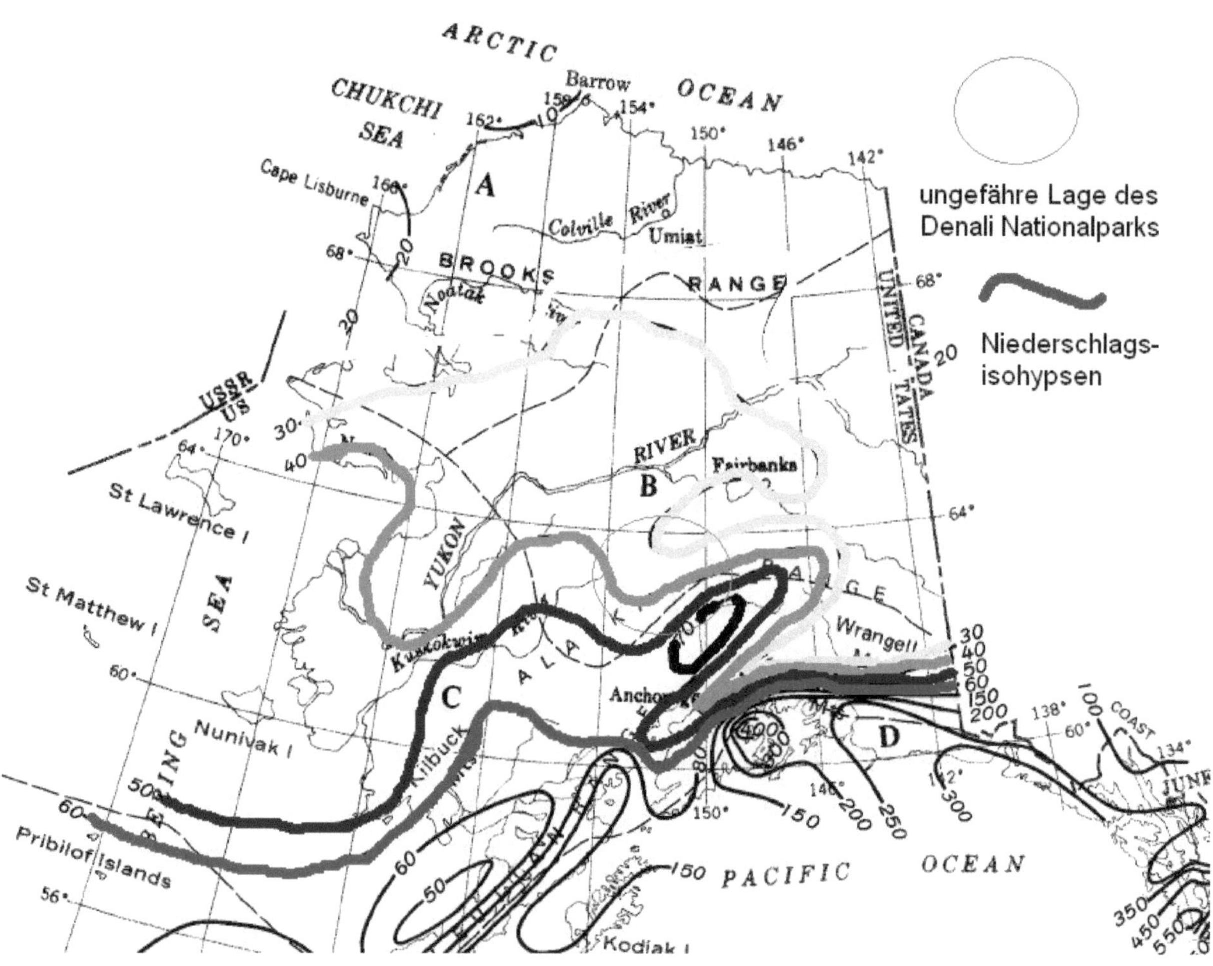

Abb. 23: Isolinien für den jahresdurchschnittlichen Niederschlag in Alaska (in cm);

Quelle: PEWE 1975, S. 4, stark bearbeitet

Klimastation Talkeetna (südöstliche Parkgrenze)
Durchschnittstemp. Juli: 20°C,
Durchschnittstemp. Januar: -17°C
Durchschn. Niederschlag: 711mm/Jahr

Klimastation Parkverwaltung (nördlich der Alaska Range, Interior Alaska)
Durchschnittstemp. Juli: +19°C
Durchschnittstemp. Januar: -22 °C
Temperaturextreme: +33 °C / -48 °C
Durchschn. Niederschlag: 382 mm/Jahr
(HOOGE / ADEMA / MEIER / ROLAND / BREASE / SOUSANES / TYRRELL, S. 9)

6.2. Der Denali-Nationalpark - eine Permafrostregion

In großen Teilen Denalis nördlich der Alaskakette herrscht Permafrost. Es treten sowohl kontinuierlicher und diskontinuierlicher Permafrost auf, in den südlichen Parkgebieten auch sporadischer Permafrost. Die Permafrostausprägungen unterscheiden sich stark von Ort zu Ort - zum einen in der Tiefe, zum anderen in Bezug auf den Eisgehalt des Bodens. Einerseits gibt es eisreiche Permafrostböden. Hier kann der Anteil des gefrorenen Bodenwassers mehr als 50 Prozent am Gesamtvolumen des Bodens betragen. Andererseits sind auch besonders eisarme Permafrostböden anzutreffen. Sie enthalten im Gegenzug nur wenig oder gar kein gefrorenes Wasser.

Fast die Hälfte des Parks (45% der Parkfläche) weist kontinuierlichen oder diskontinuierlichen Permafrost auf; im Großen und Ganzen sind es die Gebiete nördlich der Alaskakette. Die restlichen Parkregionen sind entweder permafrostfrei bzw. bilden das Gebirgsmassiv der Alaska Range (ADEMA[b])

Die boreale bzw. Tundrenvegetation bildet im Sommer eine isolierende Decke, die das Bodeneis vor einem Auftauen schützt. Der Schnee der Wintermonate verzögert die Bodenerwärmung im Frühjahr zusätzlich (SOUSANES[b]).

Als Initiativprozesse für die Herausbildung des Formenschatzes der Permafrostregionen im Denali Nationalpark lassen sich Frosthub und Kryoturbation nennen. Der daraus resultierende Formenschatz umfasst Steinpolygone, Steinstreifen, Eiskeil-Polygone, Pingos und Solifluktionsloben. Durch die gegenwärtige Erwärmung der mittleren Jahresdurchschnittstemperaturen treten vermehrt Thermokarstprozesse in Erscheinung. (ADEMA[b]).

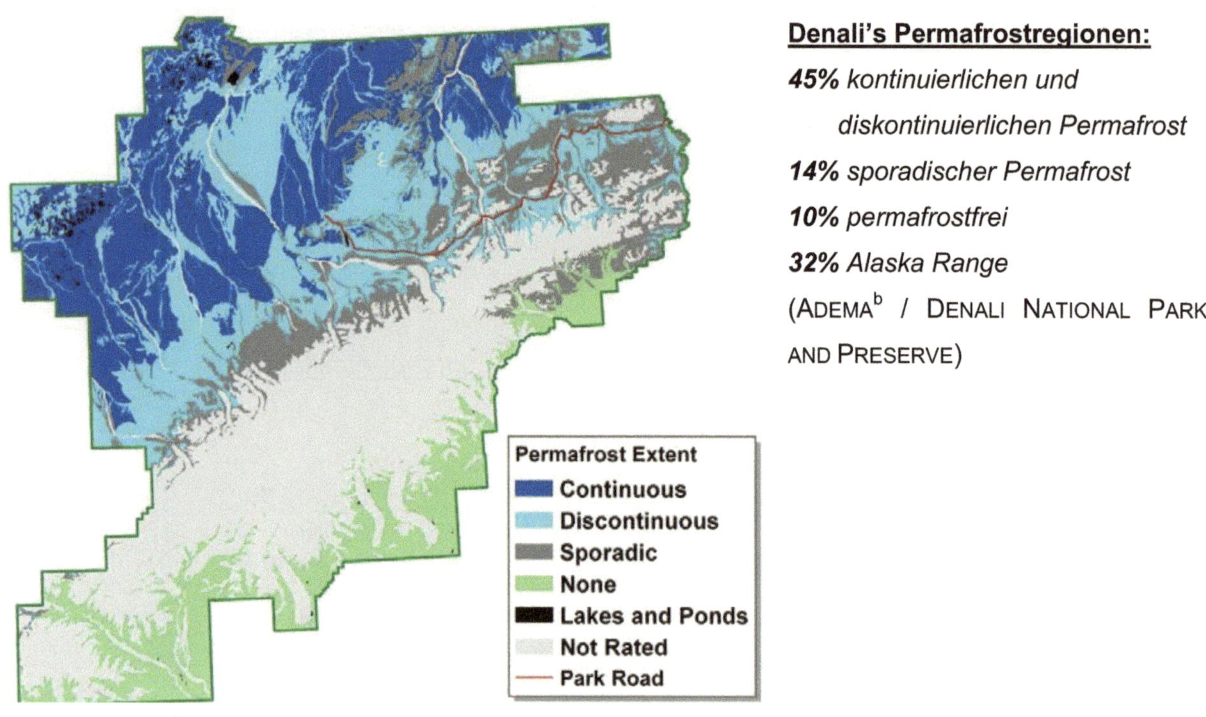

Abb. 24: Verteilung von Permafrost im Denali Nationalpark;
Quelle: ADEMA[b] / DENALI NATIONAL PARK AND PRESERVE

7. Auswirkungen des Klimawandels auf den Denali Nationalpark

7.1. Auftauen des Dauerfrostbodens

Seit den letzten Jahrzehnten steigt die Jahresdurchschnittstemperatur im Denali Nationalpark kontinuierlich an (SOUSANES[b] / DENALI NATIONAL PARK AND PRESERVE).

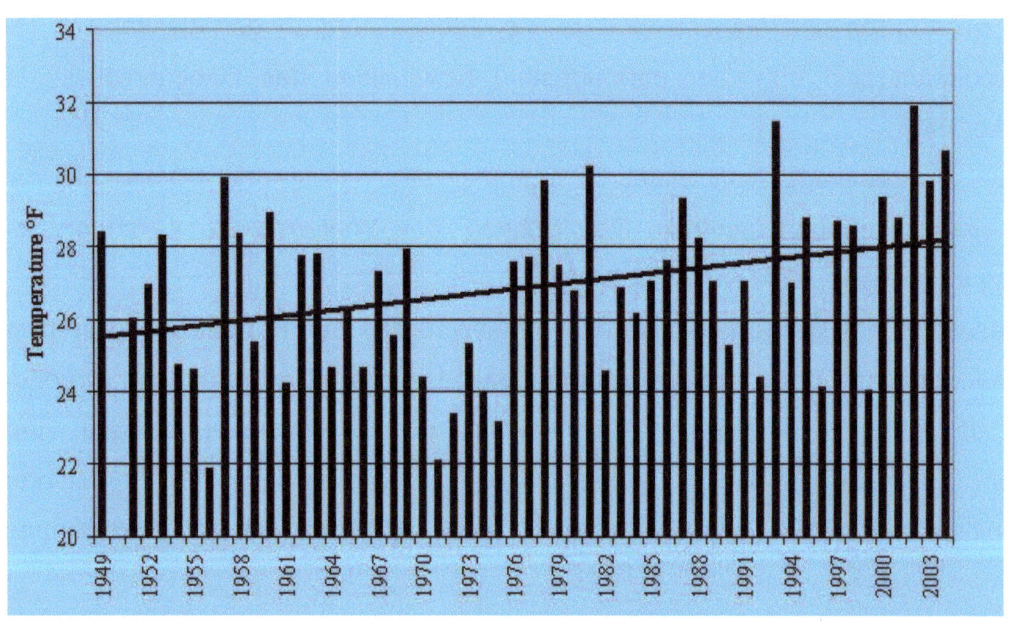

Abb. 25: Anstieg der Lufttemperatur im Denali Nationalpark im Zeitraum von 1949-2003;
Quelle: SOUSANES[b] / DENALI NATIONAL PARK AND PRESERVE

Die Temperatur ist der wichtigste Parameter für die Stabilität des Permafrosts. Je näher die Temperatur an die 0°C – Grenze heranreicht, umso anfälliger wird der Permafrost. Klimaerwärmungen wirken sich von daher negativ auf Permafrostregionen aus (HINZMAN / VIERECK / ADAMS / ROMANOVSKY/ YOSHIKAWA, S. 14).

Deswegen verstärkte sich, aufgrund des Anstiegs der jährlichen Durchschnittstemperaturen im Denali Nationalpark während der vergangenen Jahrzehnte, das Auftauen des Permafrosts. Damit verbunden waren und sind eine verstärkte Erosion, Erdrutsche, sowie das häufigere Auftreten von Thermokarstprozessen (SOUSANES[b] / DENALI NATIONAL PARK AND PRESERVE).

Abb. 26: Solifluktionserosion;   _Abb. 27:_ Bodenerosion durch Rillenspühlung;

Abb. 28: Tauende Eiskeil-Polygone verursachen Thermokarst – Foto: Toklat Basin nördlich der Alaska Range; Quelle Abb. 26 – 28: ADEMA[b] / DENALI NATIONAL PARK AND PRESERVE

Thermokarst ist ein Einsackungsprozess der Erdoberfläche. Folgend soll kurz die Entstehung von Thermokarst erläutert werden; es existierte bisher beispielsweise ein großes Eiskeilnetz in der kontinuierlichen Permafrostzone. Wenn der kontinuierliche Bodenfrost durch wärmere Sommer in diskontinuierlichen Bodenfrost umschlägt taut das Eiskeilnetz temporär und oberflächennah auf. Durch den Tauprozess des Wassers wird das Erdreich instabil. Diese Situation und die Volumenverkleinerung des Wassers beim Übergang vom festen in den flüssigen Zustand bewirken, dass das Erdreich zusammenfällt. Durch tieferen Permafrost kann das Wasser nicht versickern. Somit bildet sich eine wassergefüllte Hohlform bzw. kleine Seen (CHRISTOPHERSON 1994, S. 530; HENDL / LIEDKE 2002, S. 179).

Abb. 29: Thermokarstentwicklung als Ergebnis von Eiskeilauftauen;
Quelle: HINZMAN / VIERECK / ADAMS / ROMANOVSKY/ YOSHIKAWA, S. 38

Diese Situation kann Schäden in den Ökosystemen und an Infrastruktureinrichtungen Alaskas herbeiführen. Große Bereiche der borealen Wälder können bei der Bildung von Feuchtgebieten in Senken mit schlechter Entwässerung von Degradation betroffen werden. Infrastruktureinrichtungen laufen Gefahr instabil zu werden (HINZMAN / VIERECK / ADAMS / ROMANOVSKY/ YOSHIKAWA, S. 16).

7.2. Schrumpfende Gletscher

Gletscher waren und sind bedeutende Merkmale des Denali Nationalparks und sehr dynamisch in Hinblick auf Klimaveränderungen. Dass heißt, dass sie sehr schnell und sensibel auf Veränderungen von Temperatur und Niederschlag reagieren. Deswegen sind Gletscher gute Indikatoren für Klimaschwankungen bzw. eine Klimaerwärmung.

Derzeit überwiegt die Ablation der Gletscher in der Alaska Range, wie überall in Alaska. Die Gletscher zeigen demnach ein beschleunigtes Abschmelzen. Derzeit sind noch etwa 17 Prozent (rund 4.000 km^2) der Alaskakette im Nationalparkgebiet vergletschert.

Gletscherschmelze kann man durch Monitoring belegen. Dies kann auf unterschiedliche Weise erfolgen. Die erste Methode bestand im Fotografieren der Gletscher durch Wissenschaftler und durch Touristen des Parks ab etwa 1900 (ADEMA / KARPILO / MOLNIA, S. 13).

Abb. 30: Gletscherschrumpfen im Denali Nationalpark – Fotovergleich: Fotos vom Hidden Creek Glacier von 1916 (links) und 2004 (rechts); Fotos von US Geological Survey photographs; Quelle: ADEMA / KARPILO / MOLNIA, S. 12

Abb. 31: Gletscherschrumpfen im Denali Nationalpark – Fotovergleich: Fotos vom Sunset Glacier von 1939 (links) und 2004 (rechts); Fotos von US Geological Survey photographs; Quelle: ADEMA / KARPILO / MOLNIA, S. 15

Heute werden detaillierte Messung der Gletscherveränderungen durch Satellitenbilder, Laser-, Radar- und GPS-Messungen vorgenommen. Dadurch ist der Gletscherschwund sehr gut zu belegen. Die Gletscher erfahren dabei allgemein eine Abnahme hinsichtlich ihrer Gletscherdicke und Ausdehnung, sowie ihres Umfangs (ADEMA / KARPILO / MOLNIA, S. 15f). Beispielsweise verkleinerte sich die Gletscherzunge des Cantwell Glacier innerhalb der letzten Jahrzehnte im jährlichen Durchschnitt um zehn Meter. Die Gletscherzunge des Middle Fork Toklat Glacier schmolz durchschnittlich sogar um etwa 24 Meter pro Jahr ab (ADEMA[a], S. 40f).

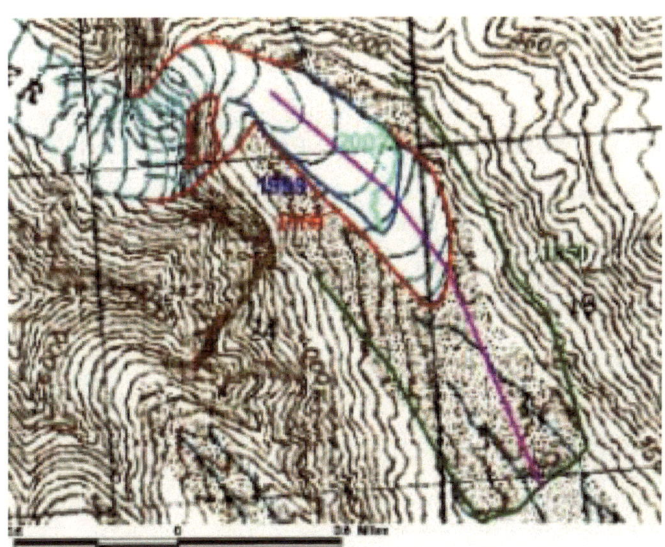

Abb. 32: Gletscherschrumpfen am Bsp. der Veränderung der Ausdehnung des Cantwell Gletschers:

Grüne Umrandung	*1850*
Rote Umrandung	*1950*
Blaue Umrandung	*1993*
Hellgrüne Umrandung	*2002*

Quelle: ADEMA[a]

Messungen belegen, dass sich das Volumen des Middle Fork Toklat Gletschers im Zeitraum von 1954 bis 2002 um etwa 330 Millionen Kubikmeter verringerte. Das bedeutet eine jährliche Volumenabnahme von knapp sieben Millionen Kubikmeter. Ähnliche Ergebnisse wurden auch für andere Talgletscher erhoben, z. B. für den Cantwell Gletscher (ADEMA[a], S. 42).

7.3. Exkurs: Surge Gletscher

Trotz des weltweiten Gletscherschwunds gibt es verschiedene Gletscher, die vorstoßen. Einige von ihnen können ganz plötzlich und mit enormer Geschwindigkeit ins Tal vorstoßen. Die Rede ist von Surge-Gletschern, auch «galoppierende Gletscher» genannt. Unter „surge" versteht man einen plötzlichen, mit enormer Geschwindigkeit verlaufenden Vorstoß von Talgletschern, also einen sprunghaften Anstieg der Fließgeschwindigkeit der Gletscherzunge. Vor allem in jungen, tektonisch aktiven Gebieten, wie in Alaska und Nordkanada, kommt es häufiger zu Surge-Aktivitäten. Im Gegensatz zum kontinuierlich schnellen Fliessen anderer Eisströme ist ein Surge-Vorstoß allerdings periodisch und zeitlich begrenzt. Gelegentlich kommt es dadurch zu Naturkatastrophen, da das vorstoßende Eis Abflüsse blockieren und anstauen kann. Es bilden sich kurzfristig Eisstauseen. Der Bruch des Eisdammes kann zu großen Flutwellen und Überschwemmungen führen (FUNK-SALAMI 2002, NATIONAL AERONAUTICS AND SPACE ADMINIDTRATION (NASA)).

Der Muldrow-Gletscher, der größte Zungengletscher im Denali Nationalpark, erfährt zum Beispiel sprunghafte Wachstumsraten etwa aller 50 Jahre. 1956 fand bei ihm ein solcher Surge-Ausbruch statt. Das Gletscherzungenwachstum betrug etwa 1100 Fuß pro Tag. Insgesamt erweiterte sich die Länge seiner Gletscherzunge um sieben Kilometer, bevor sie 1957 wieder auf ihrem alten Niveau lag. 2001/2002 gab es einen erneuten Surge-Vorstoß (ADEMA[a], S. 39).

Der schnellste (bekannte) Gletschervorstoß ereignete sich im Jahr 1953 und war beim Kutiakgletscher im Karakorum-Gebirge (China) zu beobachten; in nur drei Monaten stieß er fast 13 Kilometer vor. Das entspricht einer mittleren Tagesstrecke von 140 Metern (FUNK-SALAMI 2002).

7.4. Veränderung der Phänologie

Auch die Phänologie wird durch den Klimawandel beeinflusst (SOUSANES[b]). Phänologie ist der „Wissenszweig der Klimatologie, der sich mit der jährlichen Wachstumsentwicklung [...] der Pflanzen in Abhängigkeit von Witterung und Klima befasst" (LESER 2001, S. 619) Als Parameter können schneefreie Tage im Jahr, der Eintritt der Blütephase, die Vegetationsdauer und die Schneebedeckungszeit genannte werden.

Durch die Klimaerwärmung verändert sich auch die Vegetationsmuster des Denali Nationalparks, da eine Verlängerung der Vegetationsperiode absehbar ist. Dies zieht andere Folgen nach sich, zum Beispiel die Verschiebung der Zonobiomgrenzen im Nationalpark.

Konkret wird sich voraussichtlich der boreale Nadelwald sukzessiv nach Norden verlagern. Der Grund ist, dass sich die im Jahresdurchschnitt steigende Temperatur begünstigend auf größere und dichtere Vegetation auswirkt. Die Tundrenvegetation wird deswegen nach Norden bzw. hangaufwärts verdrängt. Dies hat auch unmittelbar Auswirkungen auf Tierwelt der Tundrengebieten. Beispielsweise dezimiert sich durch die angesprochene Situation die Nahrungsquelle für Karibus, was eine Reduzierung des Bestandes mit sich bringt. Die Nahrungsketten im Nationalpark würden aus dem Gleichgewicht geraten und voraussichtlich eine Abnahme der Tierbestände vieler, der in Tundren lebenden Arten mit sich bringen (SOUSANES[b]/ DENALI NATIONAL PARK AND PRESERVE).

Abb. 33: Der Klimawandel wirkt sich auf die Phänologie aus. Die Baumgrenze verschiebt sich hangaufwärts; Quelle: SOUSANES[b]/ DENALI NATIONAL PARK AND PRESERVE

7.5. Veränderungen in der Häufigkeit und Intensität der Waldbrände

Waldbrände sind Bestandteil des natürlichen Ökosystems, insbesondere in den Tiefländern nördlich der Alaska Range.

Die Anfälligkeit der Region für Waldbrände ist durch die geringen Niederschlagsraten und die heißen Sommer gegeben. Aufgrund der gegenwärtigen Klimaerwärmung und trockner werdenden Sommermonate nimmt Zahl der sommerlichen Feuer in Zentralalaska zu. Die Feuer haben Auswirkungen auf die Vegetation und Böden. Gleichermaßen wird der Auftauprozess des Permafrostes beschleunigt (HINZMAN / VIERECK / ADAMS / ROMANOVSKY/ YOSHIKAWA, S. 17).

Abb. 34: Waldbrand im Denali Nationalpark;

Quelle: HOOGE / ADEMA / MEIER / ROLAND / BREASE / SOUSANES / TYRRELL, S. 10

8. Zusammenfassung/Ausblick

Der Denali Nationalpark ist durch sehr heterogene geologische Formationen gekennzeichnet. Zudem variieren die klimatischen Verhältnisse, aufgrund des Hochgebirges der Alaska Range. Deswegen hat der Nationalpark Anteil an verschiedenen Zonobiomen.

Gegenwärtig verändern zahlreiche Stressfaktoren das Erscheinungsbild des Denali Nationalpark, welche der Klimawandel infolge steigender Jahresmitteltemperaturen und trockenerer Sommer hervorruft. Indikatoren dessen sind einerseits die Verschiebung der Vegetationsgrenzen hangauf- bzw. nordwärts, andererseits das periodisch längere und tiefere Auftauen der Dauerfrostböden, wodurch verstärkt Erosion, Erdrutsche und Thermokarsterscheinungen in den Permafrostgebieten hervorgerufen werden. Zudem nimmt die Häufigkeit und Intensität der Waldbrände in Interior Alaska zu. Schrumpfende Gletscher in den Gebirgsregionen sind ebenso Indizien für den stattfinden Klimawandel. Die stetige Zunahme der Touristenzahlen belastet den Nationalpark zusätzlich.

Die Aufgabe der Nationalpark-Verwaltung ist, trotz der sich verändernden Umweltbedingungen, den Lebensraum zu schützen und die Nachhaltigkeit des Nationalparks sicherzustellen (HOOGE / ADEMA / MEIER / ROLAND / BREASE / SOUSANES / TYRRELL, S. 7ff).

9. Verwendete Quellen

ADEMA, G. W. (a): Glacier Monitoring. In: DENALI NATIONAL PARK AND PRESERVE (HRSG.): Long-Term Ecological Monitoring Program (LTEM). Synthesis and Evolution of the Prototype for Monitoring Subarctic Parks: 1991 to 2002 Perspective. Denali Park, Alaska; http://science.nature.nps.gov/im/units/cakn/Documents/DENA_LTEM_Synthesis.pdf, letzter Abruf am 31.1.2008.

ADEMA, G. (b) / DENALI NATIONAL PARK AND PRESERVE (HRSG.): Permafrost Landscapes; http://www.alaskanha.org/pdf/permafrost-06final.pdf, letzter Abruf am 29.01.2008.

ADEMA, G. W. / KARPILO, R. D. / MOLNIA, B. F.: Melting Denali: Effects of Climate Change on the Glaciers of Denali National Park and Preserve; http://www.nps.gov/akso/AKParkScience/ClimateChange/adema.pdf; letzter Abruf am 17.01.2008.

COLLIER, M. (1989): The Geology of Denali National Park. Anchorage.

CHRISTOPHERSON, R. W. (1994): Geosystems. An Introduction to Physical Geography. 2. Auflage, New Jersey.

EISBACHER, G. H. (1988): Nordamerika. Stuttgart.

ELIAS, S. A. (1995): The Ice Age history of Alaskan National Parks. Washington.

FUNK-SALAMI, F. (2002): Wenn Gletscher rasch fließen. Ein erst teilweise geklärtes Phänomen. In: Neue Zürcher Zeitung 2. Oktober 2002; http://www.nzz.ch/2002/10/02/ft/article8E4VQ.html, letzter Abruf am 03.01.2008.

HANSEN, R. A. (ohne Jahr): Earthquake and Seismic Monitoring in Denali National Park; http://www.nps.gov/akso/AKParkScience/Denali/Earthquake%20Monitoring.pdf, letzter Abruf am 20.01.2008.

HENDL, M. / LIEDKE, H. (HRSG.) (2002): Lehrbuch der Allgemeinen Physischen Geographie. 3. Auflage, Gotha.

HOHERMUTH, F. / RUNGE, M. (1992): USA Nationalparks. Natur-Reiseführer, 7. Auflage. S. 162 – 171.

HOOGE, P. / ADEMA, G. / MEIER, TH. / ROLAND, C. / BREASE, PH. / SOUSANES, P / TYRRELL, L. (ohne Jahr): Ecological Overview of Denali National Park and Preserve; http://www.nps.gov/akso/AKParkScience/Denali/Ecological%20Overview.pdf, letzter Abruf am 17.01.2008.

http://www.amerika-live.de/USA/Alaska/alaska.htm; letzter Abruf am 31.01.2008.

NATIONAL PARK RESERVATIONS INC. (2008): Denali National Park and Preserve; http://www.nationalparkreservations.com/denali-national-park-and-preserve.htm, letzter Abruf am 17.01.2008.

LEHRLING, M. (2006): Klimaentwicklung in Alaska. Eine GISgestützte Erfassung und Analyse der raumzeitlichen Entwicklung von Temperatur und Niederschlag. Stuttgart.

LESER, H. (HRSG.) (2001): Wörterbuch Allgemeine Geographie. 12. Auflage, Braunschweig, München.

MARTIN, P. (Hrsg.) (2003): Geographica. Der große Weltatlas mit Länderlexikon. Königwinter.

MUHS, D. R. / THORSON, R. M. / CLAGUE, J. J. ET. AL (1987): Pacific Coast and Mountain System. In: GEOLOGICAL SOCIETY OF AMERICA (HRSG.) (1987): Geomorphic Systems of North America, Boulder (Colorado), S. 517ff.

NATIONAL AERONAUTICS AND SPACE ADMINIDTRATION (NASA) (2008): Chapter 9: Plate G-9 – Mount McKinley, Alaska Range, Alaska; http://daac.gsfc.nasa.gov/geomorphology/GEO_9/GEO_PLATE_G-9.shtml, letzter Abruf am 17.01.2008.

NATIONAL GEOGRAPHIC SOCIETY (HRSG.) (2002): USA Nationalparks. 2. Auflage, Hamburg.

PALKA, E. J. (2000): Valued Landscapes of the far North. A Geographical Journey Through Denali National Park. Lanham, Oxford.

PÉWÉ, L. T. (1975): Quaternary Geology of Alaska. Geological Survey Professional Paper 835, Washington; http://www.dggs.dnr.state.ak.us/webpubs/usgs/p/text/p0835.PDF, letzter Abruf am 29.12.2007.

PRESS, F. / SIEVER, R. (1995): Allgemeine Geologie. Heidelberg.

SOUSANES, P. (a): Weather Monitoring. In: DENALI NATIONAL PARK AND PRESERVE (HRSG.): Long-Term Ecological Monitoring Program (LTEM). Synthesis and Evolution of the Prototype for Monitoring Subarctic Parks: 1991 to 2002 Perspective. Denali Park, Alaska; http://science.nature.nps.gov/im/units/cakn/Documents/DENA_LTEM_Synthesis.pdf, letzter Abruf am 29.1.2008.

SOUSANES, P. (b) / DENALI NATIONAL PARK AND PRESERVE (HRSG.): Monitoring Climate Change; http://www.alaskanha.org/pdf/climatechange06final.pdf, letzter Abruf am 23.01.2008.

THOMS, E. (2005): Neotectonics of the Central Alaska Range: A Guidebook for the Alaska Cell – Friends of the Pleistocene Field Trip; http://alaska.usgs.gov/science/geology/fop/AKFOP2005guidebook.pdf, letzter Abruf am 16.01.2008

US GEOLOGICAL SURVEY (USGS) (2003): Rupture in South-Central Alaska—The Denali Fault Earthquake of 2002; Fact Sheet 014-03; http://pubs.usgs.gov/fs/2003/fs014-03/fs014-03.pdf, letzter Abruf am 17.01.2008.

WAHRHAFTIG, C. (1965): Physiographic Divisions of Alaska. Geological Survey Professional Paper 482, Washington; http://www.dggs.dnr.state.ak.us/webpubs/usgs/p/text/p0482.PDF, letzter Abruf am 08.01.2008.

BEI GRIN MACHT SICH IHR WISSEN BEZAHLT

- Wir veröffentlichen Ihre Hausarbeit,
  Bachelor- und Masterarbeit

- Ihr eigenes eBook und Buch -
  weltweit in allen wichtigen Shops

- Verdienen Sie an jedem Verkauf

Jetzt bei www.GRIN.com hochladen
und kostenlos publizieren